数学Ⅰへの ウォームアップノート

JN109068

ご利用にあたって

　高等学校で最初に学ぶ「数学Ⅰ」は，中学校数学の内容と深く関連し，高等学校数学の基礎的・基本的な内容で構成されています。その中でも「数と式」は中学校の内容と重複が多い分野です。

　本書は，中学校までに学習した「数と式」に関する基礎的・基本的で重要な内容を確認し，計算技能を確かなものにすることを目的に編集しました。

　内容を15項目に分け，基本的な用語，計算規則，公式などをまとめるとともに，その具体例と確認用の問，および，計算技能を確かなものにするための練習問題をおきました。

　本書が，高等学校「数学Ⅰ」の学習にスムーズに入っていける一助になれば幸いです。

1 分数の計算

約分，通分

分数の分母と分子を，それらの公約数で割って簡単な分数にすることを
約分するという。約分では，ふつう，分母，分子をできるだけ小さくする。

例 1 $\dfrac{20}{24}$ を約分すると，　$\dfrac{20}{24} = \dfrac{5}{6}$

◀ $\dfrac{\overset{5}{\cancel{10}}}{\underset{\underset{6}{12}}{\cancel{\cancel{24}}}} = \dfrac{5}{6}$

問 1 次の分数を約分せよ。

(1) $\dfrac{5}{15}$ 　　　　　　　　　(2) $\dfrac{30}{42}$

分母が違う分数を，共通な分母の分数になおすことを**通分**という。
通分では，ふつう，それぞれの分母の最小公倍数を共通な分母にする。

例 2 $\dfrac{5}{6}$ と $\dfrac{7}{8}$ の大きさをくらべてみよう。

$\dfrac{5}{6}$ と $\dfrac{7}{8}$ を通分すると　$\dfrac{5}{6} = \dfrac{20}{24}$,　$\dfrac{7}{8} = \dfrac{21}{24}$

$\dfrac{20}{24} < \dfrac{21}{24}$ であるから　$\dfrac{5}{6} < \dfrac{7}{8}$

◀ それぞれの分母の 6 と 8 の最小公倍数は 24である。

分数の加法・減法

分母が同じ分数の加法・減法では，分母をそのままにして，分子だけを
足したり引いたりする。分母が違うときは，通分してから計算する。

例 3 (1) $\dfrac{2}{7} + \dfrac{3}{7} = \dfrac{2+3}{7} = \dfrac{5}{7}$

(2) $\dfrac{2}{5} - \dfrac{1}{3} = \dfrac{6}{15} - \dfrac{5}{15} = \dfrac{6-5}{15} = \dfrac{1}{15}$

問 2 次の計算をせよ。

(1) $\dfrac{7}{12} - \dfrac{5}{12}$ 　　　　　　　(2) $\dfrac{1}{6} + \dfrac{3}{10}$

分数の乗法・除法

分数の乗法では，分母どうし，分子どうしを掛ける。
分数で割る除法では，割る数の分母と分子を入れかえた分数を掛ける。

例 4 (1) $\dfrac{3}{8} \times \dfrac{4}{9} = \dfrac{3 \times 4}{8 \times 9} = \dfrac{1}{6}$ 　(2) $\dfrac{3}{10} \div \dfrac{5}{2} = \dfrac{3}{10} \times \dfrac{2}{5} = \dfrac{3 \times 2}{10 \times 5} = \dfrac{3}{25}$

問 3 次の計算をせよ。

(1) $\dfrac{9}{8} \times \dfrac{4}{15}$ 　　　　　　　(2) $\dfrac{2}{3} \div \dfrac{8}{15}$

練習問題

1. 次の分数を約分せよ。　←例1

(1) $\dfrac{75}{100}$　　　　(2) $\dfrac{72}{240}$　　　　(3) $\dfrac{180}{216}$

2. 次の□にあてはまる不等号を入れよ。　←例2

(1) $\dfrac{4}{5}\ \square\ \dfrac{3}{4}$　　　　(2) $\dfrac{7}{12}\ \square\ \dfrac{5}{8}$　　　　(3) $\dfrac{5}{6}\ \square\ \dfrac{11}{15}$

3. 次の計算をせよ。　←例3

(1) $\dfrac{5}{8}+\dfrac{7}{8}$　　　　　　(2) $\dfrac{8}{15}-\dfrac{2}{15}$

(3) $\dfrac{3}{4}+\dfrac{1}{10}$　　　　　　(4) $\dfrac{5}{6}-\dfrac{2}{21}$

4. 次の計算をせよ。　←例4

(1) $\dfrac{3}{4}\times\dfrac{5}{7}$　　　　　　(2) $\dfrac{13}{15}\times\dfrac{10}{39}$

(3) $\dfrac{9}{14}\div\dfrac{3}{28}$　　　　　　(4) $\dfrac{4}{7}\div28$

2 正の数，負の数の加法と減法

加法の規則

1 同じ符号の2つの数の和は，絶対値の和に共通の符号をつける。

2 異なる符号の2つの数の和は，絶対値の大きいほうから小さいほう
を引き，絶対値の大きいほうの符号をつける。

例 5 $\left(-\dfrac{2}{5}\right)+\left(+\dfrac{1}{10}\right)=\left(-\dfrac{4}{10}\right)+\left(+\dfrac{1}{10}\right)=-\left(\dfrac{4}{10}-\dfrac{1}{10}\right)=-\dfrac{3}{10}$ ◀通分して大小をくらべる。

問 4 次の計算をせよ。

(1) $(-16)+(-9)$ 　　　　(2) $\left(-\dfrac{2}{3}\right)+\left(+\dfrac{1}{5}\right)$

数の加法では，次の計算法則が成り立つ。

交換法則 $\bigcirc+\triangle=\triangle+\bigcirc$ 　　**結合法則** $(\bigcirc+\triangle)+\square=\bigcirc+(\triangle+\square)$

例 6 $(-4)+(+7)+(-6)=(-4)+(-6)+(+7)$ 　　　◀(-4)と(-6)の和を
$\qquad\qquad\quad =\{(-4)+(-6)\}+(+7)=(-10)+(+7)$ 　　先に求めると計算が
$\qquad\qquad\quad =-(10-7)=-3$ 　　　　　　　　　　　楽になる。

問 5 次の計算をせよ。

(1) $(-3)+(+9)+(-7)$ 　　　(2) $\left(-\dfrac{3}{4}\right)+\left(-\dfrac{1}{5}\right)+\left(+\dfrac{1}{4}\right)$

減法の規則

減法では，引く数の符号を変えて加えればよい。

例 7 $\left(-\dfrac{1}{6}\right)-\left(-\dfrac{1}{3}\right)=\left(-\dfrac{1}{6}\right)+\left(+\dfrac{1}{3}\right)=\left(-\dfrac{1}{6}\right)+\left(+\dfrac{2}{6}\right)=+\dfrac{1}{6}$

問 6 次の計算をせよ。

(1) $(-8)-(+13)$ 　　　(2) $\left(-\dfrac{2}{3}\right)-\left(-\dfrac{3}{4}\right)$

　加法だけの式，たとえば$(+5)+(-2)+(-8)+(+7)$で，$+5$，-2，-8，$+7$をこの式の**項**という。加法だけの式では，かっこと加法の記号を省いて項だけを並べ$5-2-8+7$のように表す。最初の項が正のときはその符号$+$を省く。また，答えが正の数のときは，符号$+$を省く。

例 8 $5-2-8+7=5+7-2-8=12-10=2$ 　　　◀同じ符号の項を加える。

問 7 次の計算をせよ。

(1) $-5+6-8+3$ 　　　(2) $24-36-64+26$

練習問題

5. 次の計算をせよ。　　　　　　　　　　　　　　　　　　　　←例5

(1) $(-14)+(-19)$　　　(2) $0+(-18)$　　　(3) $(-5.5)+(+9.6)$

(4) $(-8.7)+(+1.9)$　　　(5) $\left(-\dfrac{3}{5}\right)+\left(-\dfrac{1}{2}\right)$　　　(6) $\left(+\dfrac{1}{6}\right)+\left(-\dfrac{3}{8}\right)$

6. 次の計算をせよ。　　　　　　　　　　　　　　　　　　　　←例7

(1) $(-22)-(-17)$　　　(2) $0-(-25)$　　　(3) $(-4.1)-(+7.7)$

(4) $\left(-\dfrac{2}{7}\right)-0$　　　(5) $\left(-\dfrac{3}{5}\right)-\left(+\dfrac{3}{4}\right)$　　　(6) $\left(-\dfrac{7}{9}\right)-\left(+\dfrac{1}{6}\right)$

7. 次の計算をせよ。　　　　　　　　　　　　　　　　　　　　←例6, 例8

(1) $(+6)-(-9)-(-3)$　　　　　(2) $-10-9+4+8$

(3) $(+7.5)-(-9.3)-(+8.2)$　　　　　(4) $-2.4+1.8-3.3+6.5$

(5) $\left(-\dfrac{1}{4}\right)-\left(-\dfrac{3}{5}\right)+\left(-\dfrac{1}{2}\right)$　　　　　(6) $-\dfrac{5}{6}+\dfrac{3}{2}-3+\dfrac{1}{3}$

3 正の数，負の数の乗法

● 乗法の規則

1. 同じ符号の2つの数の積は，絶対値の積に，正の符号をつける。
2. 異なる符号の2つの数の積は，絶対値の積に，負の符号をつける。

問8 ▷ 次の計算をせよ。

(1) $(-6)\times(-11)$
(2) $(+12)\times(-5)$
(3) $(-13)\times(+4)$

(4) $(-35)\times(-1)$
(5) $(-87)\times0$
(6) $(-0.9)\times(+1.1)$

数の乗法では，次の計算法則が成り立つ。

交換法則 $\bigcirc\times\triangle=\triangle\times\bigcirc$　　　結合法則 $(\bigcirc\times\triangle)\times\square=\bigcirc\times(\triangle\times\square)$

例9 ▏
$$-4\times3\times(-5)=-4\times(-5)\times3$$
$$=\{-4\times(-5)\}\times3=20\times3=60$$

◀計算が楽になるよう，掛ける順序を変える。

乗法でも，正の符号＋を省くことができる。また，はじめの数のかっこを省くことがある。

問9 ▷ 次の計算をせよ。

(1) $-5\times17\times2$
(2) $-15\times12\times(-2)$
(3) $25\times(-7)\times(-4)$

● いくつかの数の積の符号と絶対値

積の符号は　　負の数が偶数個のとき ＋，負の数が奇数個のとき －
積の絶対値は，それぞれの数の絶対値の積

例10 ▏ $-3\times(-1)\times8\times(-5)=-(3\times1\times8\times5)=-120$

◀負の数が3個。

問10 ▷ 次の計算をせよ。

(1) $-2\times(-3)\times4$
(2) $-4\times(-5)\times(-7)$

(3) $-8\times2.5\times(-1.7)$
(4) $-\dfrac{1}{4}\times(-6)\times\left(-\dfrac{5}{9}\right)$

● 累乗

同じ数をいくつか掛けるとき，たとえば，5×5 は 5^2 と表し，5の **2乗** という。また，$5\times5\times5$ は 5^3 と表し，5の **3乗** という。このように，同じ数をいくつか掛けたものを，その数の **累乗** といい，掛け合わせた個数を示す右肩の数を **指数** という。

◀2乗を平方，3乗を立方ということもある。

例11 ▏ $(-2)^4=(-2)\times(-2)\times(-2)\times(-2)=+(2\times2\times2\times2)=16$

問11 ▷ 次の計算をせよ。

(1) $(-3)^3$
(2) -2^4

練習問題

8. 次の計算をせよ。 ← 問 8

(1) $(-14) \times (-5)$

(2) $(-0.4) \times (+3.5)$

(3) $(-1) \times (-37)$

(4) $(-5.9) \times 0$

(5) $\left(-\dfrac{2}{7}\right) \times \left(-\dfrac{3}{4}\right)$

(6) $\left(+\dfrac{5}{6}\right) \times \left(-\dfrac{8}{15}\right)$

9. 次の計算をせよ。 ← 例 9 , 例 10

(1) $-2 \times (-3) \times (-7)$

(2) $-3 \times 5 \times (-4) \times 2$

(3) $9 \times 5 \times (-1) \times 0.4$

(4) $-0.2 \times 3 \times (-0.7) \times (-5)$

(5) $-\dfrac{7}{9} \times \left(-\dfrac{5}{6}\right) \times \left(-\dfrac{6}{7}\right) \times \dfrac{9}{5}$

(6) $-\dfrac{7}{24} \times \dfrac{8}{21} \times \left(-\dfrac{9}{10}\right) \times \left(-\dfrac{5}{14}\right)$

10. 次の計算をせよ。 ← 例 11

(1) $(-6)^2$

(2) -7^2

(3) -3^4

(4) 2×5^2

(5) $-2 \times (-5)^2$

(6) $(2 \times 5)^2$

4 正の数，負の数の除法

● 除法の規則 ....

1. 同じ符号の2つの数の商は，絶対値の商に，正の符号をつける。
2. 異なる符号の2つの数の商は，絶対値の商に，負の符号をつける。

例 12 (1) $(-10) \div (-2) = +(10 \div 2) = 5$

(2) $(-10) \div (+2) = -(10 \div 2) = -5$

問 12 次の計算をせよ。

(1) $(+15) \div (-3)$　　(2) $(-48) \div (-8)$　　(3) $(-17) \div (-1)$　　(4) $0 \div (-3)$

除法は分数の形で表し，計算することができる。

例 13 $(-3) \div (-18) = \dfrac{-3}{-18} = +\dfrac{3}{18} = \dfrac{1}{6}$　　　　◀割る数を分母にする。

問 13 次の計算をせよ。

(1) $(-28) \div (+4)$　　　　(2) $(+16) \div (-18)$　　　　(3) $(-9) \div (-48)$

2つの数の積が1であるとき，一方の数を他方の数の**逆数**という。

例 14 -2 の逆数は $-\dfrac{1}{2}$ であり，$-\dfrac{1}{2}$ の逆数は -2 である。　　◀$(-2) \times \left(-\dfrac{1}{2}\right) = 1$

問 14 次の数の逆数を求めよ。

(1) -5　　　　(2) $\dfrac{3}{7}$　　　　(3) $-\dfrac{2}{3}$　　　　(4) -1

除法は，割る数の逆数を掛けることと同じである。

例 15 $\dfrac{2}{3} \div \left(-\dfrac{4}{5}\right) = \dfrac{2}{3} \times \left(-\dfrac{5}{4}\right) = -\left(\dfrac{2}{3} \times \dfrac{5}{4}\right) = -\dfrac{5}{6}$　　◀$-\dfrac{4}{5}$ の逆数は $-\dfrac{5}{4}$

除法でも，正の符号＋やはじめの数のかっこを省くことがある。

問 15 次の計算をせよ。

(1) $-\dfrac{1}{4} \div \dfrac{5}{8}$　　　　(2) $\dfrac{15}{2} \div \left(-\dfrac{5}{8}\right)$　　　　(3) $-\dfrac{6}{7} \div \left(-\dfrac{3}{5}\right)$

乗法と除法が混じった式は，乗法だけの式になおして計算する。

例 16 $-4 \times \dfrac{1}{6} \div \left(-\dfrac{2}{3}\right) = -4 \times \dfrac{1}{6} \times \left(-\dfrac{3}{2}\right) = +\left(4 \times \dfrac{1}{6} \times \dfrac{3}{2}\right) = 1$　　◀$-\dfrac{2}{3}$ の逆数は $-\dfrac{3}{2}$

問 16 次の計算をせよ。

(1) $-15 \times (-2) \div (-18)$　　　　(2) $-\dfrac{1}{6} \div \left(-\dfrac{3}{4}\right) \times \left(-\dfrac{1}{2}\right)$

11. 次の計算をせよ。 ← 例12, 例13

(1) $(-32) \div (-4)$　　　(2) $0 \div (-7)$　　　(3) $18 \div (-1)$

(4) $(-72) \div (+6)$　　　(5) $56 \div (-14)$　　　(6) $(-6) \div (-48)$

12. 次の計算をせよ。 ← 例15

(1) $-\dfrac{9}{10} \div \dfrac{3}{2}$　　　(2) $\dfrac{6}{7} \div \left(-\dfrac{9}{14}\right)$　　　(3) $-\dfrac{8}{9} \div \left(-\dfrac{16}{27}\right)$

(4) $0 \div \left(-\dfrac{2}{15}\right)$　　　(5) $-\dfrac{35}{36} \div \left(-\dfrac{49}{50}\right)$　　　(6) $-\dfrac{9}{20} \div 0.15$

13. 次の計算をせよ。 ← 例16

(1) $-36 \div (-3) \div (-4)$　　　　　　(2) $-27 \div 12 \times (-4)$

(3) $-\dfrac{3}{5} \div \left(-\dfrac{4}{5}\right) \div \dfrac{2}{3}$　　　　　　(4) $\dfrac{6}{7} \times \left(-\dfrac{14}{3}\right) \div \dfrac{2}{15}$

(5) $-\dfrac{2}{7} \div \left(-\dfrac{4}{3}\right) \div \left(-\dfrac{6}{7}\right)$　　　　　　(6) $\dfrac{6}{13} \div \left(-\dfrac{3}{26}\right) \div (-0.4)$

5 四則の混じった計算

加法，減法，乗法，除法をまとめて**四則**という。四則の混じった計算では，乗法，除法を先に計算する。

　四則の混じった計算の順序
乗法，除法
↓
加法，減法

例17 $-5 \times 4 - 9 \div 3 = -20 - 3 = -23$

問17 次の計算をせよ。

(1) $-5 \times 3 - 18 \div 6$

(2) $-10 \times \left(-\dfrac{1}{18}\right) + \dfrac{8}{9} \div \left(-\dfrac{4}{5}\right)$

かっこのある式では，かっこの中を先に計算する。

例18 $40 \div (-8 + 3 - 5) = 40 \div (-10) = -4$

問18 次の計算をせよ。

(1) $(-10 + 3 \times 4) \times (-3)$

(2) $-18 \div (6 - 3 + 5)$

加法と乗法について，次の**分配法則**が成り立つ。

$\bigcirc \times (\triangle + \square) = \bigcirc \times \triangle + \bigcirc \times \square$

$(\bigcirc + \triangle) \times \square = \bigcirc \times \square + \triangle \times \square$

◀ $\bigcirc \times (\triangle + \square) = \bigcirc \times \triangle + \bigcirc \times \square$

◀ $(\bigcirc + \triangle) \times \square = \bigcirc \times \square + \triangle \times \square$

例19 (1) $18 \times \left(\dfrac{7}{9} + \dfrac{5}{6}\right) = 18 \times \dfrac{7}{9} + 18 \times \dfrac{5}{6} = 14 + 15 = 29$

(2) $\left(\dfrac{1}{2} - \dfrac{3}{4}\right) \times (-8) = \dfrac{1}{2} \times (-8) - \dfrac{3}{4} \times (-8) = -4 + 6 = 2$

◀ かっこの中の計算を先にしてもよいが，このように分配法則を用いてもよい。

問19 次の計算をせよ。

(1) $12 \times \left(-\dfrac{1}{6} + \dfrac{3}{4}\right)$

(2) $\left(-\dfrac{1}{3} - \dfrac{5}{6}\right) \times (-18)$

分配法則を逆に利用することもできる。

$\bigcirc \times \triangle + \bigcirc \times \square = \bigcirc \times (\triangle + \square)$

$\bigcirc \times \square + \triangle \times \square = (\bigcirc + \triangle) \times \square$

例20 (1) $-7 \times 17 - 7 \times 23 = -7 \times (17 + 23) = -7 \times 40 = -280$

(2) $-4 \times 3.2 - 6 \times 3.2 = (-4 - 6) \times 3.2 = -10 \times 3.2 = -32$

◀ 2つの掛け算に共通な数があるとき，分配法則を逆に利用すると計算が楽になることがある。

問20 次の計算をせよ。

(1) $13 \times (-4) + 13 \times (-6)$

(2) $(-3) \times (-25) + 4 \times (-25)$

10

練習問題

14. 次の計算をせよ。　　　　　　　　　　　　　　← 例17

(1) $-8-7\times(-1)$

(2) $5+9\div(-3)$

(3) $\dfrac{7}{10}-\dfrac{2}{5}\times\dfrac{3}{4}$

(4) $-\dfrac{1}{4}\times6-2\div\left(-\dfrac{2}{3}\right)$

15. 次の計算をせよ。　　　　　　　　　　　　　　← 例18

(1) $15\div(-3)-2\times(-5+8)$

(2) $\{-3\times7-(-5)\}\div(-4)$

(3) $\dfrac{2}{5}\div\left(\dfrac{1}{3}-\dfrac{2}{5}\right)$

(4) $-(-2)^3+(-9)\div\left(-\dfrac{1}{6}+\dfrac{2}{3}\right)$

16. 次の計算をせよ。　　　　　　　　　　← 例19 ，例20

(1) $-12\times\left(-\dfrac{5}{6}+\dfrac{3}{4}\right)$

(2) $\left(\dfrac{1}{6}-\dfrac{1}{7}-\dfrac{1}{3}\right)\times(-42)$

(3) $\left(\dfrac{7}{18}-\dfrac{8}{15}\right)\div\left(-\dfrac{1}{45}\right)$

(4) $\left(\dfrac{1}{2}-\dfrac{23}{28}+\dfrac{3}{7}\right)\div\dfrac{5}{28}$

(5) $-14\times7-14\times3$

(6) $\dfrac{4}{5}\times\left(-\dfrac{1}{3}\right)-\dfrac{1}{5}\div(-3)$

6 文字式，式の値

文字を使った式の表し方

1. 文字の混じった乗法では，記号×を省く。
2. 文字と数の積では，数を文字の前に書く。
3. 同じ文字の積は，累乗の形で表す。
4. 文字の混じった除法では，記号÷を使わずに，分数の形で書く。

例 21
(1) $a \times b = ab$

(2) $a \times 2 = 2a$

(3) $x \times 5 \times y \times y = 5xy^2$

(4) $x \div 3 = \dfrac{x}{3}$

（注意） $b \times a$ は，ba であるが，このようなときは，文字をアルファベットの順に書く。

$x \div 3 = x \times \dfrac{1}{3} = \dfrac{1}{3}x$ であるから，$\dfrac{x}{3}$ は $\dfrac{1}{3}x$ と書いてもよい。

1 や負の数と文字との積は次のように表す。

$$1 \times a = a \qquad (-2) \times a = -2a \qquad (-1) \times a = -a$$

例 22 次の式を，記号×，÷を使わないで表してみよう。

(1) $a \times 1 + b \times (-2) = a - 2b$

(2) $a \times (-1) \times a - b \times 1 = -a^2 - b$

(3) $(x - y) \div (-4) = \dfrac{x - y}{-4} = -\dfrac{x - y}{4}$

◀ $-\dfrac{1}{4}(x - y)$ としてもよい。

問 21 次の式を，記号×，÷を使わないで表せ。

(1) $x \times y \times (-2)$

(2) $b \times b + a \times (-4) \times c$

(3) $x \div (-3) \times y$

(4) $a \times (b + 3) \div (-5)$

例 23 底辺の長さが a cm，高さが h cm の三角形の面積を式で表すと

（底辺の長さ）×（高さ）÷2 $= a \times h \div 2 = \dfrac{ah}{2}$　　よって　$\dfrac{ah}{2}$ cm²　◀ $\dfrac{1}{2}ah$ でもよい。

問 22 1本50円の鉛筆を x 本と1冊100円のノートを y 冊買ったときの代金の合計を式で表せ。

式の値

式の中の文字を数におきかえることを，文字にその数を**代入する**という。

代入して計算した結果を，そのときの**式の値**という。

例 24 $a = -3$，$b = 2$ のとき，$a^2 - 4ab$ の値を求めると

$a^2 - 4ab = (-3)^2 - 4 \times (-3) \times 2 = 9 + 24 = 33$

◀ 負の数を代入するときはかっこをつける。

問 23 $a = -4$，$b = -3$ のとき，次の式の値を求めよ。

(1) $3ab + 2b^2$

(2) $\dfrac{1}{2}a^2b - ab^2$

練習問題

17. 次の式を，記号×，÷を使わないで表せ。　←　例21，例22

(1)　$a \times 4 \times b$

(2)　$x \times x \times x \times x$

(3)　$x \times (-2) \times x \times y$

(4)　$a \times a \div (-3)$

(5)　$2 \times (x - y)$

(6)　$a \times 3 - x \div 5$

18. 次の数量を表す式を書け。　←　例23

(1)　1枚 a 円の切手を10枚と 1 枚 b 円の切手を20枚買ったときの代金

(2)　1冊 x 円のノートを 3 冊買って，1000円出したときのおつり

(3)　片道 x km の道のりを時速 50 km で往復するのにかかる時間

19. $a = -4$，$b = -3$ のとき，次の式の値を求めよ。　←　例24

(1)　$3a + 2b$

(2)　$\dfrac{a - 6b}{5}$

(3)　$a^2 - 4b$

(4)　$3ab + b^2$

20. $a = -2$，$b = 3$，$c = -4$ のとき，次の式の値を求めよ。　←　例24

(1)　$3abc$

(2)　$a(2a + b - 3c)$

(3)　$b^2 - 4ac$

(4)　$-a^2 + 2b(b - c)$

7 文字式の加法と減法

$3a$, x^2, -5, $2abc$ などのように，数や文字についての乗法だけでできている式を**単項式**という。単項式で，数の部分を**係数**といい，掛け合わされている文字の個数を，その**単項式の次数**という。

例25 単項式 $5a^2b$ の次数は 3 である。

問24 次の単項式の次数をいえ。

(1) $3a$ (2) x^2 (3) $2abc$

$3a-5$, x^2-2x-8 などのように，いくつかの単項式の和で表される式を**多項式**といい，その 1 つ 1 つの単項式を多項式の**項**という。多項式の項のうちで次数がもっとも高い項の次数を，その**多項式の次数**という。

例26 多項式 x^2+3x-4 の次数は 2 である。

問25 次の多項式の次数をいえ。

(1) $4ab^2+1$ (2) $3-6x-2x^2$

多項式の項のうち，文字の部分が同じものを**同類項**という。

同類項は，分配法則を逆に使って 1 つの項にまとめることができる。

$$a x + b x = (a + b) x$$

例27 $3x^2+4x+2x^2-6x=(3+2)x^2+(4-6)x=5x^2-2x$

問26 次の式について，同類項をまとめよ。

(1) $6x-3y+7x-y$ (2) $2x^2-4x-3x^2+6x$

多項式の加法を行うには，式の各項を加え，同類項をまとめればよい。

例28 $(2x-5y-1)+(3x-y+6)=2x-5y-1+3x-y+6$
$=(2+3)x+(-5-1)y-1+6=5x-6y+5$

◀ +( )のときは( )をそのままはずす。

問27 次の計算をせよ。

(1) $(8x-2y-5)+(5x+7y-4)$ (2) $(3x^2+6x-8)+(-x^2+5x+3)$

多項式の減法を行うには，引く式の各項の符号を変えて加えればよい。

例29 $(2x-5y-1)-(3x-y+6)=2x-5y-1-3x+y-6$
$=(2-3)x+(-5+1)y-1-6=-x-4y-7$

◀ −( )のときは( )の中の各項の符号を変えて( )をはずす。

問28 次の計算をせよ。

(1) $(8x-2y-5)-(5x+7y-4)$ (2) $(3x^2+6x-8)-(-x^2+5x+3)$

練習問題

21. 次の式について，同類項をまとめよ。　　　　　　　　　　← 例27

(1) $a-3+2a+5$

(2) $2-3x-4x+1$

(3) $4x+3y-2x-y$

(4) $ab-a-4ab+3a$

(5) $x^2+2x-3+4x-3x^2$

(6) $3x^2-2xy-x^2-4xy$

22. 次の計算をせよ。　　　　　　　　　　　　　　　　　← 例28

(1) $(a-5)+(-3a+1)$

(2) $(3x+4y)+(2x-5y)$

(3) $(3x^2-7x+1)+(2x+3)$

(4) $(x^2-3x+5)+(-4x^2+9x-6)$

(5) $\left(\dfrac{1}{2}x-y\right)+\left(x-\dfrac{2}{3}y\right)$

(6) $\left(\dfrac{1}{3}x^2+x+\dfrac{1}{2}\right)+\left(x^2-\dfrac{1}{4}x-\dfrac{1}{4}\right)$

23. 次の計算をせよ。　　　　　　　　　　　　　　　　　← 例29

(1) $(2x+3y)-(y-2x)$

(2) $(5a+6b-7)-(5a-6b+1)$

(3) $(3ab-a)-(-ab+4a)$

(4) $(3x^2-9x+1)-(-x^2+4x-7)$

(5) $\left(2a-\dfrac{3}{4}b\right)-\left(\dfrac{3}{2}a+\dfrac{1}{3}b\right)$

(6) $\left(\dfrac{1}{4}x^2-\dfrac{1}{3}x+1\right)-\left(\dfrac{1}{5}x^2-\dfrac{5}{6}x+\dfrac{1}{6}\right)$

8 文字式の乗法と除法

単項式どうしの乗法は，係数の積と文字の積をそれぞれ求めて，それらを掛ければよい。

単項式を単項式で割る除法では，式を分数の形に表し，係数どうし，文字どうしで約分できるものがあれば約分して簡単にする。

例30 (1) $5a \times (-3b) = 5 \times (-3) \times a \times b = -15ab$

(2) $8x^2y \div 2x = \dfrac{8x^2y}{2x} = 4xy$

$\blacktriangleleft \dfrac{8x^2y}{2x} = \dfrac{\overset{41}{8}x\overset{}{x}y}{\underset{11}{2}x} = 4xy$

問29 次の計算をせよ。

(1) $4x \times (-3y)$　　　　　　　　(2) $a^3 \div 3a^2b$

単項式と多項式の乗法では，分配法則を使って計算する。

$$a(b+c) = ab + ac$$
$$(a+b)c = ac + bc$$

$\blacktriangleleft \overset{\frown}{a(b}+c) = ab + ac$
$\blacktriangleleft (a+\overset{\frown}{b)c} = ac + bc$

例31 (1) $2a(3a+b) = 2a \times 3a + 2a \times b = 6a^2 + 2ab$

(2) $(x-2y) \times (-4x) = x \times (-4x) - 2y \times (-4x) = -4x^2 + 8xy$

問30 次の計算をせよ。

(1) $5x(3x+2)$　　　　　　　　(2) $(7x-4y) \times (-6x)$

多項式を単項式で割る除法を行うには，逆数を掛けて計算すればよい。

例32 $(xy+3x) \div x = (xy+3x) \times \dfrac{1}{x} = xy \times \dfrac{1}{x} + 3x \times \dfrac{1}{x} = y + 3$

問31 次の計算をせよ。

(1) $(12ab+20a) \div 4a$　　　　　　(2) $(-21x^2+7x) \div (-7x)$

多項式と多項式の乗法も，分配法則を使って計算する。

$(a+b)(c+d) = (a+b)M = aM + bM$

$\blacktriangleleft M = c+d$ とおく。

$\qquad\qquad = a(c+d) + b(c+d) = ac + ad + bc + bd$

例33 $(x+4)(2x+3) = x(2x+3) + 4(2x+3)$

$\qquad\qquad = 2x^2 + 3x + 8x + 12 = 2x^2 + 11x + 12$

単項式や多項式の積の形の式を，かっこをはずして単項式の和に表すことを，もとの式を**展開**するという。

問32 次の式を展開せよ。

(1) $(x-5)(y+3)$　　　　　　　(2) $(3x-2)(x-4)$

24. 次の計算をせよ。　　　　　　　　　　　　　　　← 例 30

　(1)　$5x \times (-4y)$　　　　　　　(2)　$(-3a^2b) \times 2ab$

　(3)　$8x^2y^3 \div 4xy$　　　　　　　(4)　$6xy^3 \div (-2x)$

25. 次の計算をせよ。　　　　　　　　　　　　　　　← 例 31

　(1)　$2(4x+3y)$　　　　　　　(2)　$(a-2b+4) \times (-3a)$

　(3)　$3x(x^2+x+5)$　　　　　　　(4)　$(-a+3b-4) \times (-ab)$

26. 次の計算をせよ。　　　　　　　　　　　　　　　← 例 32

　(1)　$(8ax-6bx) \div 2x$　　　　　　　(2)　$(9x^2-6xy) \div \dfrac{3}{2}x$

　(3)　$(4x^2-2xy+6x) \div 2x$　　　　　　　(4)　$(-a^2b+3ab-2a) \div (-a)$

27. 次の式を展開せよ。　　　　　　　　　　　　　　← 例 33

　(1)　$(x+4)(y-1)$　　　　　　　(2)　$(2x-5)(4x+3)$

　(3)　$(2a+b)(a-3b)$　　　　　　　(4)　$(a-3b)(2a+5b-4)$

9 乗法公式

式を展開するとき，次の乗法公式がよく利用される。

乗法公式

1. $(a+b)^2=a^2+2ab+b^2$　　　2. $(a-b)^2=a^2-2ab+b^2$
3. $(a+b)(a-b)=a^2-b^2$
4. $(x+a)(x+b)=x^2+(a+b)x+ab$

例 34

(1) $(a+4)^2=a^2+2\times a\times4+4^2=a^2+8a+16$　　　◀1で $b=4$ とする。

(2) $(a-3)^2=a^2-2\times a\times3+3^2=a^2-6a+9$　　　◀2で $b=3$ とする。

(3) $(a+6)(a-6)=a^2-6^2=a^2-36$　　　◀3で $b=6$ とする。

(4) $(x+2)(x+3)=x^2+(2+3)x+2\times3$　　　◀4で $a=2$，$b=3$ とする。
$$=x^2+5x+6$$

問 33 次の式を展開せよ。

(1) $(a+1)^2$ 　　　　　　　　　　(2) $(a-2)^2$

(3) $(a+1)(a-1)$ 　　　　　　　　(4) $(x+1)(x-2)$

乗法公式を用いて，いろいろな計算をしてみよう。

例 35

(1) $(3x+4y)^2=(3x)^2+2\times3x\times4y+(4y)^2$　　　◀1で $a=3x$，$b=4y$ とする。
$$=9x^2+24xy+16y^2$$

(2) $(3x-5)^2=(3x)^2-2\times3x\times5+5^2$　　　◀2で $a=3x$，$b=5$ とする。
$$=9x^2-30x+25$$

(3) $(5x+4)(5x-4)=(5x)^2-4^2=25x^2-16$　　　◀3で $a=5x$，$b=4$ とする。

(4) $(2x+3)(2x+1)=(2x)^2+(3+1)\times2x+3\times1$　　　◀4で $x=2x$，$a=3$，$b=1$とする。
$$=4x^2+8x+3$$

問 34 次の式を展開せよ。

(1) $(5x+2)^2$ 　　　　　　　　　(2) $(4x-3)^2$

(3) $(9x+1)(9x-1)$ 　　　　　　(4) $(2x-5)(2x+3)$

練習問題

28. 次の式を展開せよ。 ← 例34

(1) $(x+5)^2$

(2) $(x-6)^2$

(3) $\left(x+\dfrac{2}{3}\right)^2$

(4) $\left(x-\dfrac{1}{2}\right)^2$

29. 次の式を展開せよ。 ← 例34

(1) $(x+7)(x-7)$

(2) $(x-8)(x+8)$

(3) $\left(x-\dfrac{1}{2}\right)\left(x+\dfrac{1}{2}\right)$

(4) $\left(\dfrac{1}{3}+x\right)\left(\dfrac{1}{3}-x\right)$

30. 次の式を展開せよ。 ← 例34

(1) $(x+4)(x+3)$

(2) $(x+7)(x-2)$

(3) $(x-5)(x-1)$

(4) $\left(x-\dfrac{1}{2}\right)(x+2)$

31. 次の式を展開せよ。 ← 例35

(1) $(x+2y)^2$

(2) $(2x-3y)^2$

(3) $(2x+3)(2x-3)$

(4) $(3x-5)(3x-2)$

10 因数分解

因数分解

1つの多項式がいくつかの単項式や多項式の積になおせるとき，そのお
のおのの式を，もとの多項式の**因数**という。多項式をいくつかの因数の積
の形に表すことを，**因数分解**するという。

各項に共通な因数がある多項式を因数分解
するには，共通な因数をくくり出せばよい。

$$ma + mb + mc = m(a + b + c)$$

例36
$$2x^2 + 4xy = 2x \times x + 2x \times 2y$$
$$= 2x(x + 2y)$$

◀ $2x^2 = 2 \times x \times x$
$4xy = 2 \times 2 \times x \times y$

問35 次の式を因数分解せよ。

(1) $x^2 - 4x$ (2) $ax + 2bx + 3cx$

因数分解の公式

乗法公式を逆に用いると，因数分解の公式が得られる。

因数分解の公式

$\boxed{1}$ $a^2 + 2ab + b^2 = (a + b)^2$ $\boxed{2}$ $a^2 - 2ab + b^2 = (a - b)^2$

$\boxed{3}$ $a^2 - b^2 = (a + b)(a - b)$

例37
(1) $x^2 + 10x + 25 = x^2 + 2 \times x \times 5 + 5^2 = (x + 5)^2$ ◀ $25 = 5^2$, $10 = 2 \times 5$

(2) $x^2 - 12x + 36 = x^2 - 2 \times x \times 6 + 6^2 = (x - 6)^2$ ◀ $36 = 6^2$, $12 = 2 \times 6$

(3) $x^2 - 9 = x^2 - 3^2 = (x + 3)(x - 3)$ ◀ $9 = 3^2$

問36 次の式を因数分解せよ。

(1) $x^2 + 14x + 49$ (2) $x^2 - 8x + 16$ (3) $x^2 - 25$

因数分解の公式

$\boxed{4}$ $x^2 + (a + b)x + ab = (x + a)(x + b)$

例38 $x^2 + 2x - 15$ を因数分解してみよう。
積が -15 となる2つの数で，和が2となるのは -3 と 5
よって $x^2 + 2x - 15 = (x - 3)(x + 5)$

積が -15	和が 2
1 と -15 →	-14 ×
-1 と 15 →	14 ×
3 と -5 →	-2 ×
-3 と 5 →	2 ○

問37 次の式を因数分解せよ。

(1) $x^2 + 7x + 10$ (2) $x^2 - x - 12$

32. 次の式を因数分解せよ。 ← 例36

(1) $xy+xz$

(2) $5x^2-15x$

(3) $3x^2y-2xy^2$

(4) $6x^2y^2-8x^2y+2xy$

33. 次の式を因数分解せよ。 ← 例37

(1) $x^2+12x+36$

(2) $x^2+16x+64$

(3) x^2-2x+1

(4) $x^2-14x+49$

(5) $x^2+3x+\dfrac{9}{4}$

(6) $x^2-5x+\dfrac{25}{4}$

34. 次の式を因数分解せよ。 ← 例37

(1) x^2-4

(2) x^2-36

(3) x^2-100

(4) $x^2-\dfrac{1}{16}$

35. 次の式を因数分解せよ。 ← 例38

(1) $x^2+14x+13$

(2) x^2-8x+7

(3) x^2-4x-5

(4) $x^2+14x+24$

(5) $x^2+5x-36$

(6) $x^2+5xy+4y^2$

11 平方根

平方根の大小について，次のことが成り立つ。

a，b が正の数のとき　$a<b$　ならば　$\sqrt{a}<\sqrt{b}$

例 39　3 と $\sqrt{10}$ について，$3^2=9$，$(\sqrt{10})^2=10$ で，$9<10$ であるから
$$\sqrt{9}<\sqrt{10}\quad\text{すなわち}\quad 3<\sqrt{10}$$

問 38　次の各組の数の大小を，不等号を使って表せ。

(1)　7，$\sqrt{50}$　　　　　　　　　(2)　0.1，$\sqrt{0.1}$

平方根の積と商について，次の式が成り立つ。

a，b が正の数のとき

$\boxed{1}$　$\sqrt{a}\times\sqrt{b}=\sqrt{a\times b}$　　$\boxed{2}$　$\dfrac{\sqrt{a}}{\sqrt{b}}=\sqrt{\dfrac{a}{b}}$　　$\boxed{3}$　$\sqrt{a^2\times b}=a\sqrt{b}$

例 40　(1)　$\sqrt{3}\times\sqrt{15}=\sqrt{3\times15}=\sqrt{3^2\times5}=3\sqrt{5}$

　　　　　(2)　$\sqrt{35}\div\sqrt{5}=\dfrac{\sqrt{35}}{\sqrt{5}}=\sqrt{\dfrac{35}{5}}=\sqrt{7}$

◀ $3\times\sqrt{5}$，$\sqrt{5}\times3$ のような積は $\times$ を省いて $3\sqrt{5}$ と書く。

問 39　次の計算をせよ。

(1)　$\sqrt{2}\times\sqrt{10}$　　　　　　　(2)　$\sqrt{21}\div\sqrt{7}$

同じ数の平方根を含んだ式は，同類項のように考えてまとめる。

例 41　$3\sqrt{2}+4\sqrt{2}=(3+4)\sqrt{2}=7\sqrt{2}$

◀ $ac+bc=(a+b)c$

問 40　次の計算をせよ。

(1)　$2\sqrt{3}+5\sqrt{3}$　　　　　　　(2)　$3\sqrt{2}-8\sqrt{2}$

根号を含む乗法でも，分配法則を使って計算することができる。

例 42　$\sqrt{3}(\sqrt{3}+\sqrt{5})=(\sqrt{3})^2+\sqrt{3}\times\sqrt{5}=3+\sqrt{3\times5}=3+\sqrt{15}$

◀ $a(b+c)=ab+ac$

問 41　次の計算をせよ。

(1)　$\sqrt{2}(5\sqrt{2}+\sqrt{6})$　　　　　(2)　$\sqrt{6}(\sqrt{3}-\sqrt{2})$

分母に根号がある数は，分母と分子に同じ数を掛けて，分母に根号がない形に表すことができる。

◀ 分母に根号がない形に表すことを，**分母を有理化する**という。

例 43　$\dfrac{\sqrt{2}}{\sqrt{3}}=\dfrac{\sqrt{2}\times\sqrt{3}}{\sqrt{3}\times\sqrt{3}}=\dfrac{\sqrt{6}}{3}$

問 42　次の数を分母に根号がない形に表せ。

(1)　$\dfrac{1}{\sqrt{2}}$　　　　　　　　　(2)　$\dfrac{\sqrt{3}}{\sqrt{5}}$

練習問題

36. 次の各組の数の大小を，不等号を使って表せ。　←例39

(1) $\sqrt{2}$, $\sqrt{5}$

(2) $\sqrt{\dfrac{1}{2}}$, $\sqrt{\dfrac{2}{3}}$

(3) $-\sqrt{3}$, $-\sqrt{7}$

(4) $-\dfrac{1}{3}$, $-\sqrt{\dfrac{1}{8}}$

37. 次の計算をせよ。　←例40

(1) $\sqrt{5} \times \sqrt{80}$

(2) $\sqrt{7} \times \sqrt{84}$

(3) $\dfrac{\sqrt{48}}{\sqrt{6}}$

(4) $\sqrt{32} \div \sqrt{8}$

38. 次の計算をせよ。　←例40，例41

(1) $5\sqrt{7} + 4\sqrt{7}$

(2) $8\sqrt{5} - 2\sqrt{5}$

(3) $\sqrt{8} - \sqrt{2} + \sqrt{20} - \sqrt{5}$

(4) $3\sqrt{24} + \sqrt{3} - 5\sqrt{6} - \sqrt{12}$

39. 次の計算をせよ。　←例42

(1) $\sqrt{2}(5\sqrt{3} + \sqrt{18})$

(2) $\sqrt{7}(2\sqrt{7} - \sqrt{21})$

40. 次の数を分母に根号がない形に表せ。　←例43

(1) $\dfrac{2}{\sqrt{5}}$

(2) $\dfrac{3}{2\sqrt{6}}$

41. 次の計算をせよ。　←例41，例43

(1) $3\sqrt{2} + \dfrac{2}{\sqrt{2}}$

(2) $5\sqrt{3} - \dfrac{6}{\sqrt{3}}$

12 1次方程式，比例式

1次方程式

例 44　$7x+8=4(x-1)$ を解いてみよう。

かっこをはずすと　　　　$7x+8=4x-4$

8，$4x$ を移項すると　　$7x-4x=-4-8$

$$3x=-12$$

両辺を 3 で割ると　　　$x=-4$

> **1次方程式を解く手順**
> 1　x を含む項を左辺に，数の項を右辺に移項する。
> 2　$ax=b$ の形にする。
> 3　両辺を x の係数 a で割る。

問 43　次の方程式を解け。

(1)　$2x+7=x-4$　　　　(2)　$5x-2(x-3)=72$　　　　(3)　$\dfrac{1}{2}(x-7)+6=3x$

比の値と比例式

$a:b$ で表された比で，a を b で割った値 $a\div b=\dfrac{a}{b}$ を**比の値**という。

例 45　(1)　$8:12$ の比の値は　$8\div 12=\dfrac{8}{12}=\dfrac{2}{3}$

(2)　$1:\dfrac{1}{3}$ の比の値は　$1\div\dfrac{1}{3}=1\times 3=3$

問 44　次の比の値を求めよ。

(1)　$4:6$　　　　　　　　　　(2)　$\dfrac{1}{2}:\dfrac{1}{8}$

$a:b$ の比の値 $\dfrac{a}{b}$ と $c:d$ の比の値 $\dfrac{c}{d}$ とが等しいとき，2つの比 $a:b$ と $c:d$ は等しいといい，$\boldsymbol{a:b=c:d}$ と表す。このような式を**比例式**という。比例式については，次の性質がある。

　　$\boldsymbol{a:b=c:d}$　**ならば**　$\boldsymbol{ad=bc}$

◀外側の項の積と内側の項の積は等しい。

例 46　$x:12=3:4$ を解いてみよう。

比例式の性質により　　$4x=12\times 3$

$$x=\dfrac{12\times 3}{4}$$

よって　　$x=9$

問 45　次の比例式を解け。

(1)　$x:48=3:8$　　　　　　(2)　$6:x=9:5$

42. 次の方程式を解け。　　　　　　　　　　　　　　　　　　　←例44

(1)　$4x+10=30$

(2)　$6x-2=3x+7$

(3)　$x-8=-5x+4$

(4)　$-3x+7=2x+5$

43. 次の方程式を解け。　　　　　　　　　　　　　　　　　　　←例44

(1)　$3(x-1)=5x+9$

(2)　$5(2x-3)-6(2x+1)=3$

(3)　$\dfrac{1}{3}(2x-5)=\dfrac{1}{2}x$

(4)　$0.3x-0.2=0.5x+1$

44. 次の比について，比の値を求めよ。　　　　　　　　　　　　←例45

(1)　$\dfrac{1}{3}:\dfrac{1}{4}$

(2)　$\dfrac{5}{6}:\dfrac{7}{9}$

(3)　$0.03:0.12$

(4)　$0.11:1.21$

45. 次の比例式を解け。　　　　　　　　　　　　　　　　　　　←例46

(1)　$13:52=x:64$

(2)　$28:44=35:x$

(3)　$(x+6):18=4:3$

(4)　$\dfrac{x}{3}:10=8:15$

13 連立方程式

加減法による解法

例 47 連立方程式 $\begin{cases} 3x+2y=8 & \cdots\cdots① \\ x-y=6 & \cdots\cdots② \end{cases}$ を解いてみよう。

◀②の両辺に 2 を掛けて，y の係数の絶対値を等しくする。

$$\begin{array}{rl} ① & 3x+2y=8 \\ ②×2 \quad +) & 2x-2y=12 \\ \hline & 5x \quad\;\; =20 \\ & \quad\;\; x=4 \quad\cdots\cdots③ \end{array}$$

③を②に代入して $4-y=6$

$$y=-2 \quad （答）\quad x=4, \;\; y=-2$$

問 46 次の連立方程式を解け。

(1) $\begin{cases} 4x+y=3 \\ 3x+2y=11 \end{cases}$

(2) $\begin{cases} 3x-2y=18 \\ 2x+3y=-1 \end{cases}$

代入法による解法

例 48 連立方程式 $\begin{cases} y=x+1 & \cdots\cdots① \\ 3x+2y=12 & \cdots\cdots② \end{cases}$ を解いてみよう。

◀①の y と等しい $x+1$ を，②の y に代入すれば，②の y が消去される。

①を②に代入して
$$\begin{aligned} 3x+2(x+1)&=12 \\ 3x+2x+2&=12 \\ 5x&=10 \\ x&=2 \quad\cdots\cdots③ \end{aligned}$$

③を①に代入して
$$\begin{aligned} y&=2+1 \\ y&=3 \quad （答）\quad x=2, \;\; y=3 \end{aligned}$$

問 47 次の連立方程式を解け。

(1) $\begin{cases} y=2x-1 \\ x+y=11 \end{cases}$

(2) $\begin{cases} 3x-4y=3 \\ x=2y-1 \end{cases}$

46. 次の連立方程式を解け。　　　　　　　　　　　　　　← 例 47

(1) $\begin{cases} 5x+2y=11 \\ x+y=7 \end{cases}$

(2) $\begin{cases} 4x-y=-1 \\ -4x+3y=-5 \end{cases}$

(3) $\begin{cases} 3x+2y=1 \\ 2x-3y=-8 \end{cases}$

(4) $\begin{cases} 3x-4y=-2 \\ -9x+10y=8 \end{cases}$

47. 次の連立方程式を解け。　　　　　　　　　　　　　　← 例 48

(1) $\begin{cases} y=x-2 \\ 4x-y=2 \end{cases}$

(2) $\begin{cases} 2x+3y=-7 \\ x=3y+1 \end{cases}$

(3) $\begin{cases} y=-2x-5 \\ 3x+2y=-7 \end{cases}$

(4) $\begin{cases} 5x-11y=23 \\ x=4y+1 \end{cases}$

14 2次方程式(1)

● 因数分解による解法 ··

2つの数や式 A, B について，次のことが成り立つ。

$AB=0$ ならば $A=0$ または $B=0$

2次方程式を解くのにこのことが利用できる。

例49 $x^2+x-6=0$ を解いてみよう。

左辺を因数分解すると $(x+3)(x-2)=0$

よって $x+3=0$ または $x-2=0$

したがって，解は $x=-3,\ 2$

◀ $x+3$ を A, $x-2$ を B とみると，$AB=0$

問48 次の2次方程式を解け。

(1) $(x+3)(x+1)=0$　　(2) $x(x-6)=0$　　(3) $(x-9)^2=0$

(4) $x^2+5x=0$　　(5) $x^2-3x+2=0$　　(6) $x^2+10x+25=0$

● 平方根の考えを使った解法 ··

移項して計算すると，$x^2=k$ の形になる2次方程式は，k の平方根を求めればよい。

◀ 正の数 k の平方根は $\sqrt{k}$ と $-\sqrt{k}$ の2つある。この2つをまとめて $\pm\sqrt{k}$ と書く。

例50 $x^2-2=0$ を解いてみよう。

-2 を移項すると $x^2=2$

x は2の平方根であるから $x=\pm\sqrt{2}$

問49 次の2次方程式を解け。

(1) $x^2=9$　　(2) $x^2-7=0$　　(3) $4x^2=25$

$(x+\triangle)^2=\bigcirc$ の形の2次方程式は，かっこの中をひとまとまりのものとみて平方根の考えを用いる。

例51 $(x+3)^2=4$ を解いてみよう。

$x+3$ は4の平方根であるから $x+3=\pm2$

したがって $x=-1,\ -5$

◀ $x+3=2$ から $x=-1$
$x+3=-2$ から $x=-5$

問50 次の2次方程式を解け。

(1) $(x-2)^2=36$　　(2) $(x+4)^2=3$

(3) $(x-5)^2-9=0$　　(4) $(x+6)^2-18=0$

48. 次の 2 次方程式を解け。 ← **例49**

(1) $(x-2)(x+4)=0$

(2) $x(x+7)=0$

(3) $(x+3)^2=0$

(4) $(2x-1)^2=0$

(5) $x^2-3x=0$

(6) $x^2-4x+4=0$

(7) $x^2-4x-32=0$

(8) $x^2-9x+8=0$

49. 次の 2 次方程式を解け。 ← **例50**

(1) $x^2=6$

(2) $16-x^2=0$

(3) $5x^2=15$

(4) $18-9x^2=0$

(5) $25x^2=9$

(6) $36x^2-28=0$

50. 次の 2 次方程式を解け。 ← **例51**

(1) $(x+5)^2=9$

(2) $(x+2)^2=7$

(3) $(x-4)^2-12=0$

(4) $4(x-5)^2=9$

15 2次方程式(2)

2次方程式 $x^2+px+q=0$ を，平方根の考えを使って解いてみよう。

例 52 $x^2+10x-7=0$ を解いてみよう。

-7 を右辺に移項すると

$$x^2+10x=7$$

両辺に25を加えると

$$x^2+10x+25=7+25$$
$$(x+5)^2=32$$

よって　　　　$x+5=\pm\sqrt{32}$

したがって　　$x=-5\pm4\sqrt{2}$

◀ $x^2+10x=7$ の左辺を $(x+\triangle)^2$ の形にするために，x の係数10の $\frac{1}{2}$ の2乗，すなわち 25 を加える。

問 51 次の2次方程式を，平方根の考えを使って解け。

(1)　$x^2-2x-2=0$　　　　　　　(2)　$x^2+4x+1=0$

2次方程式の解の公式

2次方程式の解は，次の公式で求めることができる。

2次方程式の解の公式

$ax^2+bx+c=0$ の解は　　　　$x=\dfrac{-b\pm\sqrt{b^2-4ac}}{2a}$

例 53 $3x^2-5x+1=0$ を，解の公式を使って解いてみよう。

解の公式に　$a=3$, $b=-5$, $c=1$ を代入して

$$x=\frac{-(-5)\pm\sqrt{(-5)^2-4\times3\times1}}{2\times3}=\frac{5\pm\sqrt{25-12}}{6}=\frac{5\pm\sqrt{13}}{6}$$

◀負の数を代入するときはかっこをつける。

問 52 次の2次方程式を，解の公式を使って解け。

(1)　$3x^2+x-1=0$　　　　　　　(2)　$2x^2+5x+1=0$

(3)　$x^2-3x+1=0$　　　　　　　(4)　$x^2-5x-3=0$

練[習]問[題]

51. 次の2次方程式を，平方根の考えを使って解け。

(1) $x^2+6x-5=0$

(2) $x^2+4x-4=0$

(3) $x^2-8x+4=0$

(4) $x^2-6x-15=0$

52. 次の2次方程式を，解の公式を使って解け。

(1) $2x^2-3x-1=0$

(2) $4x^2-x-2=0$

(3) $x^2-5x+2=0$

(4) $x^2+7x+3=0$

(5) $2x^2+6x+1=0$

(6) $3x^2+4x-2=0$

重要事項のまとめ

分数の加法・減法

1. 分母の同じ分数の加法・減法では，分母をそのままにして，分子だけを足したり引いたりする。
2. 分母の違う分数の加法・減法では，通分してから計算する。

分数の乗法・除法

1. 分数の乗法では，分母どうし，分子どうしを掛ける。
2. 分数で割る除法では，割る数の分母と分子を入れかえた分数を掛ける。

正の数，負の数の加法の規則

1. 同じ符号の2つの数の和は，絶対値の和に共通の符号をつける。
2. 異なる符号の2つの数の和は，絶対値の大きいほうから小さいほうを引き，絶対値の大きいほうの符号をつける。
3. 加法の交換法則，結合法則
$$\bigcirc+\triangle=\triangle+\bigcirc \quad (\bigcirc+\triangle)+\square=\bigcirc+(\triangle+\square)$$

正の数，負の数の減法の規則

ある数から正の数または負の数を引くには，引く数の符号を変えて加えればよい。

正の数，負の数の乗法の規則

1. 同じ符号の2つの数の積は，絶対値の積に，正の符号をつける。
2. 異なる符号の2つの数の積は，絶対値の積に，負の符号をつける。
3. 乗法の交換法則，結合法則
$$\bigcirc\times\triangle=\triangle\times\bigcirc \quad (\bigcirc\times\triangle)\times\square=\bigcirc\times(\triangle\times\square)$$
4. いくつかの数の積の符号と絶対値
   符号は　負の数が偶数個のとき　＋
   　　　　負の数が奇数個のとき　－
   絶対値は，それぞれの数の絶対値の積
5. 分配法則　$\bigcirc\times(\triangle+\square)=\bigcirc\times\triangle+\bigcirc\times\square$
   $(\bigcirc+\triangle)\times\square=\bigcirc\times\square+\triangle\times\square$

正の数，負の数の除法の規則

1. 同じ符号の2つの数の商は，絶対値の商に，正の符号をつける。
2. 異なる符号の2つの数の商は，絶対値の商に，負の符号をつける。

文字を使った式の表し方

1. 文字の混じった乗法では，記号×を省く。
2. 文字と数の積では，数を文字の前に書く。
3. 同じ文字の積は，累乗の形で表す。
4. 文字の混じった除法では，記号÷を使わずに，分数の形で書く。

文字式の加法と減法

1. 同類項は1つの項にまとめる。
2. 多項式の加法では，式の各項を加え，同類項をまとめる。
3. 多項式の減法では，引く式の各項の符号を変えて加える。

文字式の乗法と除法

1. 単項式どうしの乗法は，係数の積と文字の積をそれぞれ求めて，それらを掛ける。
2. 単項式を単項式で割る除法では，分数の形に表し，係数どうし，文字どうしで約分できるものがあれば約分して簡単にする。
3. 分配法則
$$a(b+c)=ab+ac$$
$$(a+b)c=ac+bc$$
$$(a+b)(c+d)=ac+ad+bc+bd$$

乗法公式と因数分解の公式

乗法公式を逆に用いると因数分解の公式になる。
$$(a+b)^2=a^2+2ab+b^2$$
$$(a-b)^2=a^2-2ab+b^2$$
$$(a+b)(a-b)=a^2-b^2$$
$$(x+a)(x+b)=x^2+(a+b)x+ab$$

平方根の大小

a, b が正の数のとき　$a<b$　ならば　$\sqrt{a}<\sqrt{b}$

平方根の積と商

a, b が正の数のとき
$$\sqrt{a}\times\sqrt{b}=\sqrt{a\times b} \qquad \frac{\sqrt{a}}{\sqrt{b}}=\sqrt{\frac{a}{b}}$$

比例式の性質

$a:b=c:d$　ならば　$ad=bc$
（外側の項の積と内側の項の積は等しい）

2次方程式の解の公式

$ax^2+bx+c=0$ の解は　$x=\dfrac{-b\pm\sqrt{b^2-4ac}}{2a}$